SITZUNGSBERICHTE DER SÄCHSISCHEN AKADEMIE
DER WISSENSCHAFTEN ZU LEIPZIG

Mathematisch-naturwissenschaftliche Klasse
Band 108 · Heft 7

FRANZ RUNGE

ORGANISCHE DISULFIMIDE IN WISSENSCHAFT UND TECHNIK

AKADEMIE-VERLAG · BERLIN
1970

BERICHTE ÜBER DIE VERHANDLUNGEN DER SÄCHSISCHEN AKADEMIE DER WISSENSCHAFTEN ZU LEIPZIG

MATHEMATISCH-NATURWISSENSCHAFTLICHE KLASSE

Verfasser- und Sachregister 1896–1945 der Abhandlungen und Berichte
1961. 100 Seiten – gr. 8° – M 7,80

Band 97

Heft 1*) Prof. Dr. ERICH STRACK, Beobachtungen über den endogenen Anteil des Kot-Stickstoffs. 1949
Heft 2*) Prof. Dr. ERNST HÖLDER, Über die Variationsprinzipe der Mechanik der Kontinua. 1950
Heft 3*) Dr. H. GERSTNER / Dr. H. BAARK / Dr. H. GRAUL, Der Wechselstromwiderstand der Froschhaut. 1950
Heft 4*) Prof. Dr. HERBERT BECKERT, Existenz- und Eindeutigkeitsbeweise für das Differenzverfahren zur Lösung des Anfangsproblems, des gemischten Anfangs-Randwert- und des charakteristischen Problems einer hyperbolischen Differentialgleichung zweiter Ordnung mit zwei unabhängigen Variablen. 1950
Heft 5*) Prof. Dr. HERBERT BECKERT, Über quasilineare hyperbolische Systeme partieller Differentialgleichungen erster Ordnung mit zwei unabhängigen Variablen. Das Anfangswertproblem, die gemischte Anfangs-Randwertaufgabe, das charakteristische Problem. 1950
Heft 6*) Prof. Dr.-Ing. ENNO HEIDEBROEK, Das Verhalten von zähen Flüssigkeiten, insbesondere Schmierflüssigkeiten, in engen Spalten. 1952
Heft 7*) Prof. Dr. HANS SCHUBERT, Über eine lineare Integrodifferentialgleichung mit Zusatzkern. 1950
Heft 8*) Dipl.-Phys. HELMAR KRUPP, Bestimmung der allgemeinen Lösung der Schrödinger-Gleichung für Coulomb-Potential. 1950

Band 98

Heft 1*) Prof. Dr. WALTER SCHNEE, Über magische Quadrate und lineare Gitterpunktprobleme. 1951
Heft 2 Prof. Dr.-Ing. ENNO HEIDENBROEK, Über die Beziehungen zwischen Schmierung und Verschleiß bei geschmierter Gleitreibung. Nachdr. 1954. 36 Seiten – 5 Abb. – 8° – M 2,75
Heft 3*) Prof. Dr.-Ing. e. h. KARL KEGEL, Der Salzstock Mirowo bei Provadia in Bulgarien. 1951
Heft 4*) Prof. Dr. HERBERT BECKERT / Prof. Dr. HANS SALIÉ, Bemerkungen über die Verbiegung hyperbolisch gekrümmter Flächenstärke / Über Abels Verallgemeinerung der binomischen Formel. 1951
Heft 5*) Prof. Dr. ERICH STRACK, Die Dauerinfusion als Verfahren zur Erforschung des Kohlenhydratstoffwechsels des Tierkörpers. 1952

Band 99

Heft 1*) Prof. Dr. HEINRICH BRANDT, Über das quadratische Reziprozitätsgesetz. 1951
Heft 2*) Prof. Dr. G. SPACKELER, Der Gebirgsdruck und seine Beherrschung durch den Bergmann. 1951
Heft 3 Prof. Dr. ERNST DIEPSCHLAG, Die Anwendbarkeit der Regelungstechnik in der Hüttenindustrie
1952. 38 Seiten – 12 Abbildungen – 8° – M 3,90
Heft 4*) Prof. Dr. ALBERT FROMME, Die Bedeutung der Entwicklungsgeschichte, besonders des Mesenchyms, für die Klinik. 1952
Heft 5 Dr ROBERT BÖKER, Die Entstehung der Sternsphäre Arats
1952. 68 Seiten – 4 Abbildungen – 2 Falttafeln – 3 Tabellen – 8° – M 5,60

Band 100

Heft 1 Prof. Dr. HEINRICH BRANDT, Über Stammfaktoren bei ternären quadratischen Formen
1952. 24 Seiten – 8° – M 2,25
Heft 2 Dr. PAUL GÜNTHER, Zur Gültigkeit des Huygensschen Prinzips bei partiellen Differentialgleichungen vom normalen hyperbolischen Typus 1952. 43 Seiten – 8° – M 5,–
Heft 3 Dr. ALFRED MÜLLER, Die Schaubarkeit in der Axonometrie
1952. 22 Seiten – 3 Falttafeln – 8° – M 3,–
Heft 4 Prof. Dr.-Ing. ENNO HEIDENBROEK, Die Beziehungen zwischen Härte, Schmierung und Verschleißfestigkeit Nachdruck 1954. 40 Seiten – 10 Abbildungen – 8° – M 3,40
Heft 5 Prof. Dr. ROBERT SCHRÖDER, Frauenheilkunde in Forschung und Praxis
1952. 22 Seiten – 8° – M 1,35
Heft 6 Dr. ROLF REISSIG, Die pandiagonalen Quadrate vierter Ordnung. 1952. 54 S. – 8° – M 5,–
Heft 7 Prof. Dr. MAX ROBITZSCH, Die Erforschung der Atmosphäre, ihre Methodik und ihre Probleme
1953. 30 Seiten – 12 Abbildungen – 4 Kunstdrucktafeln – 8° – M 2,50

Band 101

Heft 1 Prof. Dr. KURT SCHWABE, Periodische Erscheinungen bei der anodischen Auflösung des Zinks
1954. 33 Seiten – 14 Abbildungen – 8° – M 3,–
Heft 2 Dr. UDO PIRL, Positive Lösungen einer nichtlinearen Integralgleichung
1953. 44 Seiten – 2 Abbildungen – 8° – M 4,–
Heft 3*) Dr. JOACHIM FOCKE, Asymptotische Entwicklungen mittels der Methode der stationären Phase.
2., unveränderte Auflage. 1967
Heft 4*) Prof. Dr. HANS SALIÉ, Zur Verteilung natürlicher Zahlen auf elementfremde Klassen. 1954

*) *vergriffen*

Fortsetzung auf der 3. Umschlagseite

SITZUNGSBERICHTE DER SÄCHSISCHEN AKADEMIE DER WISSENSCHAFTEN ZU LEIPZIG

Mathematisch-naturwissenschaftliche Klasse
Band 108 · Heft 7

FRANZ RUNGE

ORGANISCHE DISULFIMIDE IN WISSENSCHAFT UND TECHNIK

Mit 2 Abbildungen

AKADEMIE-VERLAG · BERLIN
1970

Vorgetragen in der Sitzung vom 20. Januar 1969
Manuskript eingeliefert am 21. Mai 1969
Druckfertig erklärt am 18. Januar 1970

Erschienen im Akademie-Verlag GmbH, 108 Berlin, Leipziger Straße 3—4

Lizenznummer: 202 · 100/597/70
Gesamtherstellung: VEB Druckhaus „Maxim Gorki“, 74 Altenburg
Bestellnummer: 2027/108/7 · ES 18 C 5
3,60

Die organischen Disulfimide haben die Konstitution:

$$R{-}SO_2{-}NH{-}SO_2{-}R,$$

wobei R aliphatische oder aromatische Reste sein können, die noch beliebig substituiert sein mögen.

Das erste Disulfimid wurde schon im Jahre 1854 von Ch. GERHARDT [1] beschrieben, der Diphenyl-disulfimid aus Benzolsulfonsäurechlorid und dem Silbersalz des Sulfonamids dargestellt hatte:

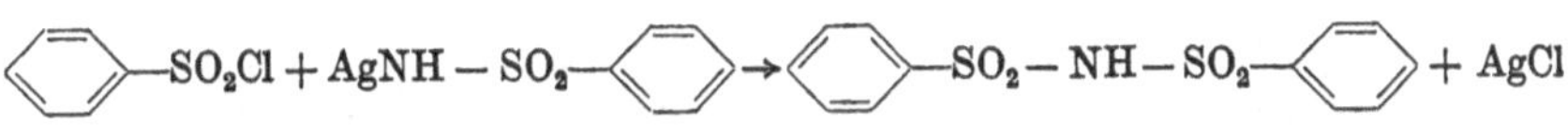

1877 fand JAKOBSEN [2] bei seinen Untersuchungen über die Bestandteile der Steinkohlen-Cumole, daß bei der Aufarbeitung von aromatischen Sulfonamiden unter bestimmten Bedingungen die entsprechenden Disulfimide als in Natronlauge lösliche, durch Säure fällbare Substanzen gebildet werden. 20 Jahre später kam W. SOLONINA [3] zu ähnlichen Resultaten, als er die Veröffentlichung von O. HINSBERG [4] über die Trennung von primären, sekundären und tertiären Aminen mit Hilfe einer Umsetzung mit Benzolsulfochlorid kritisierte. O. HINSBERG hatte nämlich bei der Reaktion von primären Aminen einen unlöslichen Rückstand gefunden, der die Gegenwart von sekundären Aminen vortäuschte. Bei der Nacharbeitung dieser Versuche durch W. SOLONINA fand dieser, daß auch primäre Amine einen unlöslichen Niederschlag liefern, wenn man mit einem Überschuß von Benzolsulfochlorid arbeitet:

$$R{-}NH_2 + ClSO_2C_6H_5 \xrightarrow[-HCl]{} \underset{\text{in NaOH}(l.)}{R{-}NHSO_2C_6H_5} \xrightarrow[-HCl]{ClSO_2C_6H_5} \underset{(unl.)}{R{-}N\begin{matrix} \diagup SO_2C_6H_5 \\ \diagdown SO_2C_6H_5 \end{matrix}}$$

W. SOLONINA hatte hier also bewußt erstmalig stickstoffsubstituierte Disulfimide dargestellt. E. BAMBERGER [5] beschäftigte sich 1899 mit der Benzolsulfonierung von Alkyl-phenyl-hydrazinen und synthetisierte dabei einige stickstoffsubstituierte Disulfimide.

1905 gingen O. HINSBERG und J. KESSLER [6] ihren Trennungsmethoden von Aminen nach und verwendeten anstelle von Benzolsulfochlorid β-Anthrachinon-sulfochlorid und fanden dabei die entsprechenden stickstoffsubstituierten Disulfimide.

G. EMDEN und H. TACHAU [7] gingen von 2-Naphthalin-sulfosäurechlorid aus, das sie mit Ammoniak zu dem Dinaphthyl-disulfimid umsetzten.

A. F. HOLEMAN [8] und W. R. HURTLEY und S. SMILES [9] synthetisierten 1921, bzw. 1926 schon das Mono-phenyl-disulfimid.

W. STEINKOPF [10] berichtet, daß auch bei der Aminierung von Benzol-sulfofluorid sich Diphenyl-disulfimid als Nebenprodukt bildet.

H. GILMAN und E. C. VERNON [11] setzten erstmalig ein Di-phenyl-disulfimid mit einer GRIGNARD-Verbindung um.

F. BELL [12] beschäftigte sich in einer Reihe von Arbeiten mit Nitro-Derivaten von stickstoffsubstituierten Diphenyl-disulfimiden. Er arbeitete in einer Pyridin-Lösung.

R. L. SHRINER et al. [13] bearbeitete 1932 den dirigierenden Einfluß der Dimethyl-disulfimid-Gruppe bei der Nitrierung von Anilin.

Schon sehr bald wurden die physiologischen und therapeutischen Wirksamkeiten von Disulfimiden untersucht. Es war die Ähnlichkeit der Konstitution mit den nach 1930 entwickelten Sulfonamiden, die schon frühzeitig die Veranlassung war, auch die Disulfimide pharmakologisch zu prüfen. Es liegen dementsprechend eine Anzahl Veröffentlichungen und Patente aus dieser Zeit vor. So setzte D. R. CLIMENKO [14] N-Methyl-4.4'-diamino-diphenyl-disulfimid gegen Viren ein. Die Calco Chemical Co. [15] behauptete mit Diaminoaryl-disulfimiden, bzw. deren Metallsalze, eine größere therapeutische Breite als mit aromatischen Sulfonamiden zu erzielen.

Ausführlicher sind die Arbeiten von M. L. CROSSLEY et al. [16], die N-Methyl, bzw. Äthyl-4,4'-diamino-diphenyl-disulfimid herstellten, dann aber auch unsymmetrische Disulfimide $H_2N\text{-}C_6H_4\text{-}SO_2\text{-}NH\text{-}SO_2\text{-}R$ gewannen, wobei R = Äthyl-, Butyl-, Pentyl-, 2-Äthyl-1-hexyl-, 1-Dodecyl-, Cyclohexyl-, 10-dl-Campheryl-, Phenyl-methyl- bedeutet. Die Wirkung gegen hämolytische Streptokokken und Viren war nicht überzeugend.

G. A. H. BUTTLE et al. [17] untersuchten die Wirkung von Di-acetyl-amino-diphenyldisulfimid auf Streptokokken und anderen Krankheitserregern bei Mäusen.

In dieser Zeit wurden zahlreiche Patente genommen, die sich hauptsächlich mit bestimmten organischen Disulfimiden mit biologischer Wirksamkeit befaßten [18].

Systematische Untersuchungen wurden zuerst von B. HELFERICH in Leipzig durchgeführt, der sich von 1940 an einige Jahre mit aliphatischen Disulfimiden befaßte und damals schon die noch heute gebräuchlichen Darstellungsweisen fand. So stellte er mit seinen Mitarbeitern aus Alkylsulfochlorid, Ammonchlorid und Natronlauge Dialkyl-disulfimid dar:

$$2RSO_2Cl + NH_4Cl + 3\,NaOH \rightarrow \begin{matrix} RSO_2 \\ RSO_2 \end{matrix}\!\!>\!NH + 3\,NaCl + 3\,H_2O \qquad [19]$$

und fand auch die heute meist gebräuchliche Methode, die vor allem für unsymmetrische Di-sulfimide geeignet ist:

$$\mathrm{R'SO_2Cl} + R''\mathrm{So_2} - \mathrm{NH_2} \quad + \mathrm{NaOH} \rightarrow \begin{matrix} R'\mathrm{SO_2} \diagdown \\ \qquad \mathrm{NH} \\ R''\mathrm{SO_2} \diagup \end{matrix} + \mathrm{NaCl} \qquad [20,21]$$

Wie sind nun die typischen Eigenschaften aller dieser Disulfimide? Es liegen zunächst mal starke Säuren vor, was sich z. B. schon dadurch bemerkbar macht, daß man vielfach aus einem Alkalisalz mit Salzsäure nicht das freie Disulfimid darstellen kann. B. Helferich [22] gibt für die Säurestärke von Dimethyldisulfimid an:

0,1 n Lsg. pH 1,27
0,01 n Lsg. pH 2,20
0,001 n Lsg. pH 3,25

Wir haben folgendes gemessen:

		pH
Diphenyl-disulfimid	0,01 n Lsg.	2,10
4,4'-Dioxy-diphenyl-disulfimid	0,01 n Lsg.	2,00
4,4'-Dichlor-diphenyl-disulfimid	0,01 n Lsg.	1,95
3,3'-Dinitro-diphenyl-disulfimid	0,01 n Lsg.	1,85
Chlorwasserstoffsäure	0,01 n Lsg.	2,00

Das Zustandekommen der Säurestärke läßt sich elektronisch erklären:

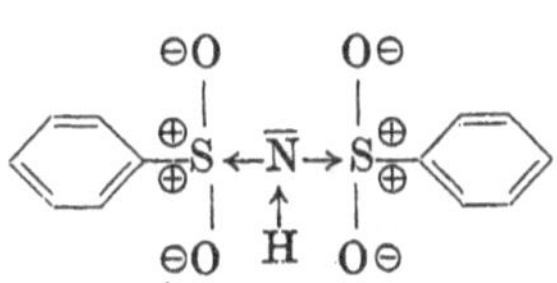

Wir konstatieren den sehr starken induktiven Effekt der beiden SO_2-Gruppen und den mesomeren Effekt der beiden Phenyl-Gruppen. Auch schon die Dialkyl-disulfimide sind regelrechte Säuren, die mit Metallen meist wasserlösliche Salze bilden. Bereits B. Helferich hatte mit Dimethan-disulfimid folgende Metalle zur Salzbildung herangezogen: Alkali- und Erdalkalimetalle, Mg, Cu, Pb, Ni, Co, Mn, Cd, Tl.

Die speziellen Eigenschaften der organischen Disulfimide können nun sehr stark variiert werden, je nach der Größe der Alkyle oder Aryle. Dann können vor allem die Aryl-Reste noch weitgehend substituiert werden. Wir können z. B. die Phenyl-Reste mit sauren Oxy-Gruppen, mit Nitro-Gruppen, mit basischen Amino-Gruppen usw. substituieren. Dadurch verleihen wir den Disulfimiden ganz besondere Eigenschaften, wie wir sie für spezielle Verwendungszwecke benötigen.

Es zeigte sich zunächst, daß die meisten dieser Säuren sehr beständig sind. Ihre Wasserlöslichkeit ist unterschiedlich, aber eine 0,5 molare Lösung läßt sich auf alle Fälle herstellen und beliebig lange aufbewahren.

Auf Grund dieser allgemeinen Eigenschaften kann man nun die verschiedensten Anwendungen der Disulfimide, auf chemischen, physikalischen, medizinischen und technischen Gebieten herleiten, wozu ich mit meinen Mitarbeitern einiges beigetragen habe. Wir beginnen mit einem Beispiel aus der Physikochemie.

Die Stärke von Säuren und Basen wird durch Titration ermittelt. In dieser sogenannten Maßanalyse wägt man ja eine Säure oder Base genau ab, bringt sie in der richtigen Menge Wasser in Lösung und verfügt dann über eine Lösung mit bekanntem Titer, womit man den Gehalt anderer Lösungen quantitativ bestimmen kann. Diese altbekannte Methode krankt aber immer etwas daran, daß es schwierig ist, den Titer der Reagenz-Lösung exakt zu bestimmen. Schwefel- oder Salzsäure exakt abzuwägen, ist eigentlich unmöglich. Man nimmt deshalb meist kritallisierte Oxalsäure, die aber an der Luft leicht Wasser anzieht und dadurch ihr Gewicht verändert. Nach meinem Vorschlag sollte man ein Diaryl-disulfimid nehmen, am besten vielleicht das stark saure 3,3'-Dinitro-diphenyl-disulfimid. Durch Umkristallisation gereinigt, ist es in festem wie gelöstem Zustand unbegrenzt haltbar und kann mit den üblichen Indikatoren für eine maßanalytische Titration verwendet werden.

Unser Vorschlag geht also dahin, Dinitro-diphenyl-disulfimid als Urtitersubstanz [23] zu verwenden.

Wenn die organischen Disulfimide solche Ähnlichkeit mit organischen Säuren haben, dann sollte man doch auch Säurechloride herstellen können, d. h. den Wasserstoff am Stickstoff durch Chlor ersetzen können.

$$(R\text{—}SO_2)_2NH \xrightarrow{PCl_5} (R\text{—}SO_2)_2NCl$$

Das gelingt aber nur bei Disulfimiden, die keine zu stark sauren Eigenschaften haben. Und auch dann kann man den Wasserstoff nicht durch Brom ersetzen. (Es besteht also keine Ähnlichkeit mit dem von K. ZIEGLER [24] so mit Erfolg eingesetzten Bromsuccinimid.)

Der Imid-Stickstoff kann aber organisch substituiert werden, also durch einen Alkyl- oder Aryl-Rest. Es würden dann natürlich keine Säuren mehr vorliegen, sondern neutrale Moleküle, die nun aber ganz besondere Eigenschaften haben.

Überraschender Weise gelingt die Darstellung dieser stickstoffsubstituierten Disulfimide, indem man ihre Alkalisalze mit Halogenkohlenwasserstoffen umsetzt. Ein entsprechender Vorgang mit Salzen organischer Säuren gelingt bekanntlich nicht:

$$\left.\begin{matrix} R-SO_2 \\ R-SO_2 \end{matrix}\right\rangle NNa + Cl\,R' \rightarrow \left.\begin{matrix} R-SO_2 \\ R-SO_2 \end{matrix}\right\rangle N-R' + NaCl$$

Die Beschäftigung mit diesen am Stickstoff substituierten Verbindungen haben mich vor ca. 15 Jahren auf das Gebiet der organischen Disulfimide geführt. Und zwar wurde ich dazu angeregt durch Untersuchungen bei dem Hydrierwerk Rodleben, die pharmazeutische Produkte der allgemeinen Konstitutionsformel:

$$\left.\begin{matrix} R' \\ R' \end{matrix}\right\rangle N-CH_2CH_2OOC-\overset{\displaystyle R_2}{\underset{\displaystyle R_3}{C}}-H$$

wie Novocain, Trasentin, Pavatrin usw., alles Präparate mit anaesthetisierender, spasmolytischer und Antihistaminwirkung, nachahmen wollten, indem sie ähnliche Substanzen mit folgendem Aufbau herstellten:

$$\left.\begin{matrix} R' \\ R' \end{matrix}\right\rangle N-CH_2CH_2OOC-CH_2-N\left\langle\begin{matrix} SO_2R_2 \\ SO_2R_3 \end{matrix}\right.$$

und ihre pharmazeutische Wirksamkeit prüften.

Die Hydrochloride, bzw. Jodmethylate dieser Basen sind alle leicht wasserlöslich und wurden pharmakologisch geprüft, befriedigten aber nicht recht. Das konnte wohl daran liegen, daß in dem synthetischen Produkt zwei saure Gruppen vorhanden sind, die Carboxyl-Gruppe und die Disulfimid-Gruppierung.

Im folgenden wurden deshalb Präparate hergestellt, in denen die Carboxyl-Gruppe fehlte.

Ich möchte an dieser Stelle erwähnen, daß die folgenden Versuche gemeinsam mit dem Hydrierwerk Rodleben durchgeführt worden sind. Es war vor allem der so früh verstorbene Dr. Engelbrecht in Rodleben, mit dem ich zusammengearbeitet habe und dem ich viel, vor allem die technische Ausrichtung der Versuche, zu verdanken habe.

Wir haben damals eine große Zahl solcher stickstoffsubstituierter Disulfimide hergestellt [25]. Die experimentellen Methoden sind folgende:

1. Umsetzung von Alkali- oder Silbersalzen der Disulfimide mit Halogenkohlenwasserstoffen:

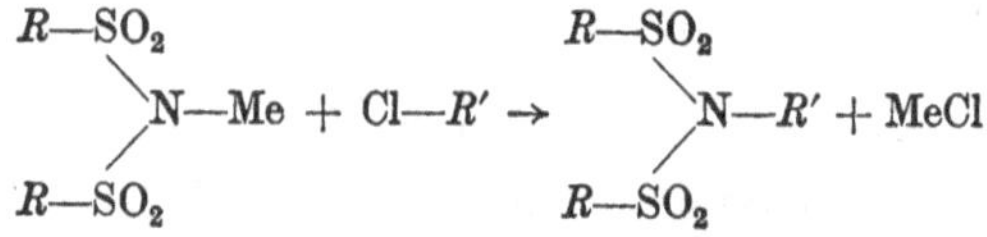

2. Umsetzung von organischen Aminen mit Benzolsulfochloriden:

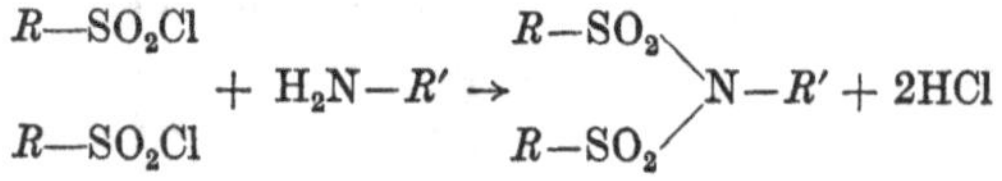

3. Umsetzung von organischen Disulfiden mit Diazoalkanen:

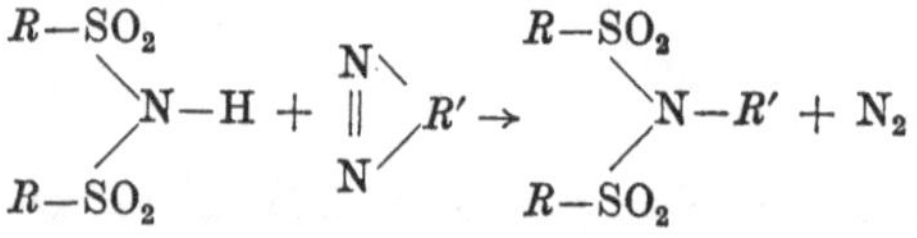

Die letzte Methode ist entschieden die eleganteste.

Nachdem wir nun grundsätzlich festgestellt hatten, auf welchem Wege die am Stickstoff substituierten Diphenyl-disulfimide experimentell zugänglich sind, zeigte sich aber im Verlauf der Arbeit, daß gerade die pharmazeutisch interessanten Dialkylamino-Verbindungen nicht wärmebeständig sind [26]. Sie erleiden vielmehr schon beim Erwärmen auf 50 °C eine merkwürdige Umlagerung und Kondensation:

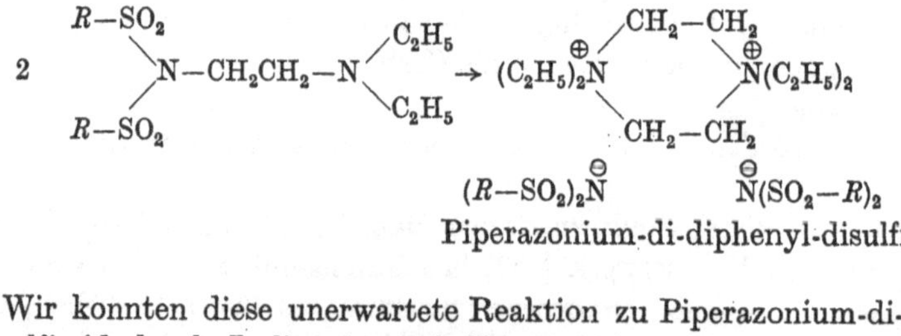

Piperazonium-di-diphenyl-disulfimid

Wir konnten diese unerwartete Reaktion zu Piperazonium-di-diphenyl-disulfimid durch Isolierung und Konstitutionsaufklärung der Zwischenprodukte im einzelnen aufklären und beweisen.

Damit hatte unsere Arbeitsrichtung, aus stickstoffsubstituierten Disulfimiden Pharmaka zu synthetisieren zunächst mal ihren Sinn verloren.

Interessant wäre vielleicht noch die Vinylierung am Stickstoff die man durch Reaktion mit Acetylen vielleicht durchsetzen könnte [27]:

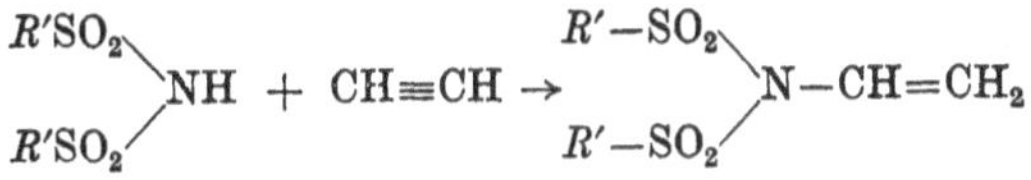

Doch führten die drucklos durchgeführten Reaktionen zu keinem positiven Ergebnis. Man müßte nach Reppe unter Druck arbeiten.

Die Substitution am Stickstoff durch Chloräthyl und Abspaltung von HCl führte nur zu undefinierbaren Harzen.

Aber auf einem ganz anderen Gebiete haben die stickstoffsubstituierten Disulfimide Bedeutung gewonnen. Es ist das Gebiet der Weichmacher. Die große Palette der Kunststoffe bedarf für sehr viel Einzelfälle Zusätze, die den Kunststoff biegsam, elastisch, griffig, generell gesprochen weich macht. Solche Zusätze gehen unter dem Namen „*Weichmacher*". Jeder Kunststoff verlangt meist sein eigenes Präparat, doch sind manche Substanzen auch auf einem größeren Gebiet wirksam. Die meisten Weichmacher sind organische Ester der Phosphorsäure oder von organischen Säuren. Auch Amide haben sich im Einzelfall bewährt. Nun ist der Vorschlag gemacht worden, folgendes N-substituiertes Disulfimid zu verwenden, das nicht verseift werden kann, wie die oben genannten Ester und eine große Wärmebeständigkeit zeigt:

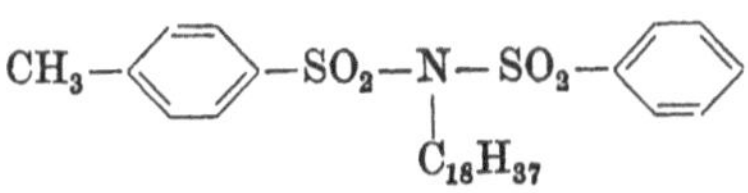 [28]

Die Ähnlichkeit in der Konstitution der in den 20-er Jahren so bekannt gewordenen Sulfonamiden mit der der Disulfimide:

$R{-}SO_2{-}NH{-}R'$

Sulfonamid

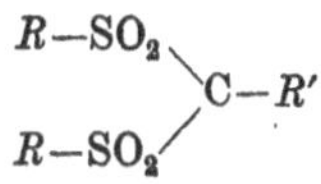

Disulfimid

reizte natürlich, diese letzteren auf ihre physiologische Wirksamkeit zu untersuchen, was nun auch in der ganzen Welt im großen Umfange geschehen ist.

Auf der anderen Seite hat man ja auch Sulfonamide als Schädlingsbekämpfungsmittel eingesetzt. Die Disulfimide werden nun gleichfalls in dieser Richtung geprüft. Sie werden z. B. als Mottenschutzmittel empfohlen, wie z. B. die Disulfimide, die am Stickstoff mit der Dichlormethyl-Gruppe substituiert sind. Auch das Di(2,4,5-trichlorbenzol)-disulfimid wird genannt [29]. Als wirksames Fungizid wurden Trichlormethyl-thio-Derivate der Dinitro-diphenyl-disulfimide ausgearbeitet [30]:

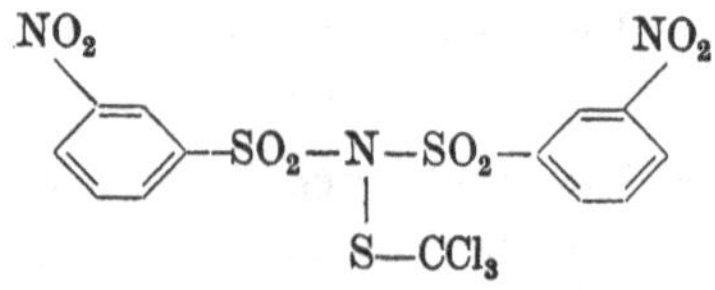

Ich kann hier aber nicht auf weitere Einzelheiten eingehen, die nur den Fachmann interessieren würden. Ich möchte vielmehr auf eine andere Eigenschaft der Disulfimide eingehen, die in unserem Arbeitskreis entdeckt worden ist.

Disulfimide bilden gut kristallisierende Verbindungen mit organischen Aminen, die sich für die Charakterisierung, Isolierung und analytische Bestimmung organischer Basen eignen [31].

Die Verwendung der Disulfimide als Reagenzien auf Amine weist gegenüber den bereits bekannten Charakterisierungsmethoden, etwa durch Anwendung von Pikrinsäure, Pikrolonsäure, Überchlorsäure usw., verschiedene Vorteile auf: Disulfimidsalze besitzen fast immer einen scharfen Schmelzpunkt, kristallisieren gut und sind nicht hygroskopisch; ihre Löslichkeit ist je nach der Art des verwendeten Disulfimides recht verschieden; sie sind auch für die quantitative Analyse besonders gut geeignet, da mit einem Disulfimid neue Elemente oder Atomgruppen in das Molekül eingebaut werden können, so daß außer C, H und N auch Halogene, S, OH-Gruppen, Acetyl-Gruppen u. a. bestimmt werden können. Ein quantitatives Abtrennen von Basen aus irgendwelchen z. B. technischen Gemischen gelingt bei Verwendung eines Disulfimides, das mit den betreffenden Basen schwer lösliche Salze bildet. Aber auch die Trennung mehrerer Amine voneinander ist möglich, wenn sich die Löslichkeit ihrer Disulfimid-Salze genügend unterscheidet, was man wiederum durch Verwendung der richtigen Disulfimide in der Hand hat.

Die quartären Ammoniumsalze kristallisieren in der Mehrzahl der Fälle gut, was bei verschiedenen anderen Salzen (z. B. Halogeniden oder Sulfaten) nicht der Fall ist.

Die Arbeitsweise unserer Bestimmungs- und Trennmethode ist außerordentlich einfach.

Entweder liegt das betreffende Amin in Salzform (Chlorid, Sulfat usw.) vor, so läßt man es in wäßriger, alkoholischer oder acetonischer Lösung mit einem Alkalisalz des Disulfimids sich umsetzen. Das Disulfimid-Salz fällt aus, wird abfiltriert und kann umkristallisiert werden.

Oder es liegt die freie Base vor, dann läßt man sie am besten in einem organischen Lösungsmittel wie Äther mit dem freien Disulfimid reagieren, wobei das Salz sofort ausfällt und in den allermeisten Fällen durch einmaliges Umkristallisieren aus Wasser oder Alkohol als analysenreines Produkt erhalten werden kann.

Von besonderem Wert scheinen uns die gut kristallisierten Verbindungen zahlreicher Heterocyclen zu sein, die mit anderen Reagenzien nicht so bequem zu fassen sind.

Die Reaktion mit Alkaloiden ist dagegen unbefriedigend. Eine Salzbildung bleibt in vielen Fällen wegen mangelnder Basenstärke oder infolge sterischer Hinderung unvollkommen.

Von Interesse sind sicher auch die Disulfimidsalze von Aminosäuren (siehe auch [22]), von denen wir eine Reihe untersucht und neben den Schmelzpunkten auch die Löslichkeiten in Wasser und Aceton ermittelt haben; manche Salze sind in Wasser leicht, in Aceton dagegen schwer löslich. Da sich die Löslichkeiten hier stärker unterscheiden, kann man durchaus an eine Trennung von Aminosäuren durch fraktionierte Kristallisation der Sulfimidsalze denken, ebenso an eine chromatographische Aufteilung solcher Salzgemische.

Wir haben übrigens diese Methode bei der Isolierung und Identifizierung von organischen Basen im Braunkohlenhydrierprodukt [32] angewandt, indem wir die entsprechenden Fraktionen mit 4,4'-Dichlor-diphenyl-disulfimidumsetzten und schöne kristalline Verbindungen mit charakteristischem Schmelzpunkt erhielten. Wir identifizierten u. a. folgende Basen einwandfrei: Piperidin, 2 isomere Pipecoline, Anilin, 6 isomere Xylidine, 3 isomere Toluidine, 2 Naphthylamine und Tetrahydrochinolin.

Eine weitere Anwendung dieser Methode, organische Amine mit Diaryldisulfimiden umzusetzen, ist die Isolierung, Charakterisierung und quantitative Bestimmung basischer organischer Wirkstoffe aus verschiedenen Arzneimitteln [33]. Zu diesem Zwecke wurde in Zusammenarbeit mit dem Deutschen Hydrierwerk Rodleben (Dr. H.-J. Engelbrecht) und dem Pharmazeutischen Institut in Halle/S. (Professor Dr. Bogs) eine große Zahl organischer Wirkstoffe (über 50 Präparate) mit 4,4'-Dichlor-diphenyl-disulfimid, bei schwachen Basen auch mit 3,3'-Dinitro-diphenyl-disulfimid, umgesetzt. Auch quantitative Bestimmungen der Wirkstoffe wurden durchgeführt. Eine papierchromatographische Trennung führte zu keinem vernünftigen Resultat, da die Substanzen auf dem Papier nicht recht sichtbar gemacht werden konnten. Besser verliefen die dünnschichtchromatographischen Versuche [34].

Eine weitere Anwendung der Disulfimide fanden wir auf dem Gebiet der Textilhilfsmittel, wie sie bei der Verarbeitung und der Veredlung von Textilien eingesetzt werden. Schon 1941 hatte sich das Deutsche Hydrierwerk Rodleben [35] Disulfimide als Waschmittel patentieren lassen. Waschmittel sind oberflächenaktive Stoffe, zu denen im weitesten Umfange alle Substanzen mit netzenden, emulgierenden, dispergierenden, egalisierenden und reinigenden Eigenschaften gehören, also neben den Waschmitteln grundsätzlich alle Färbereihilfsmittel [36].

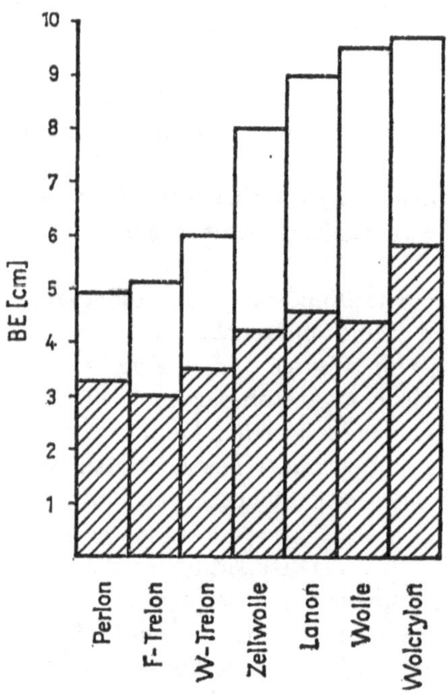

Abb. 1. Bauschelastizität verschiedener Stapelfasern bei 500 g Belastung (W. ROTH, [37])

Die chemische Konstitution solcher wirksamen Substanzen besteht in dem gleichzeitigen Vorhandensein von hydrophilen und lipophilen (also hydrophoben) Gruppen im selben Molekül. Solche Konstitution ist in den organischen Disulfimiden gegeben und kann nun durch überlegte Molekülstruktur sehr wirksam gestaltet werden. Wir synthetisierten möglichst unsymmetrische Disulfimide, so daß wir neben der hydrophilen $-SO_2NHSO_2$-Gruppe einen langen lipophilen Rest im Molekül haben. Also etwa so:

$$CH_3-SO_2-NH-SO_2-C_{16}H_{33}$$

Diese Verbindungen haben dann auch eine vorzügliche Netz- und Schaumwirkung. Man kann allerdings nicht in saurer Lösung arbeiten, da die Säuren dann in Freiheit gesetzt werden und ausfallen.

Eine andere Verwendung der Disulfimide auf dem Textilsektor besteht in der Möglichkeit, die Bauschelastizität von Textilfasern zu beeinflussen. Bei der Verarbeitung von Stapelfasern und schließlich bei den endgültigen Textilien ist es von großer Wichtigkeit, welchen Widerstand einer Formänderung entgegengesetzt wird und welche elastischen Kräfte die Formänderung rückgängig machen.

Wir haben uns in Zusammenarbeit mit dem Thüringischen Kunstfaserwerk Schwarza hauptsächlich mit der Perlonfaser beschäftigt und gefunden, daß Diphenyl-disulfimide mit mehreren Chloratomen und Hydroxyl-Gruppen im Molekül besonders wirksam sind.

Die Moleküle der geeigneten Stoffe lagern sich vermutlich durch Wasserstoffbrücken an die Peptidbindungen des Polyamids an und bewirken dadurch eine Versteifung der Molekülketten, was sich makroskopisch in einer erhöhten Bauschelastizität äußert. Ein ähnlicher Vorgang findet bei der Ledergerbung statt (Anlagerung von Gerbstoffen an Kollagen).

Wir haben dann die Ausbildung von Wasserstoffbrückenbindungen näher untersucht und kamen zu folgendem Ergebnis.

Hydroxy- und Amino-Gruppen in ortho-Stellung zum Disulfimid bilden Wasserstoffbrücken innerhalb des Moleküls aus. Stehen diese Gruppen in 3,3'- oder 4,4'-Stellung, so stehen die Brückenbindungen zwischen verschiedenen Molekülen. Sind im 1. Falle die Imid-Wasserstoffatome durch einen organischen Rest ersetzt, so gibt es keine intramolekulare Wasserstoffbindung:

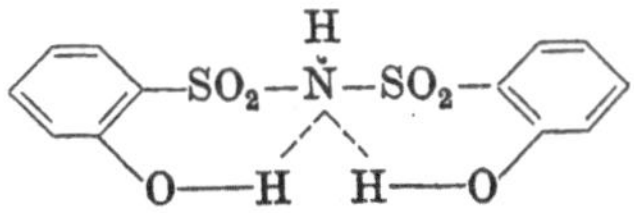

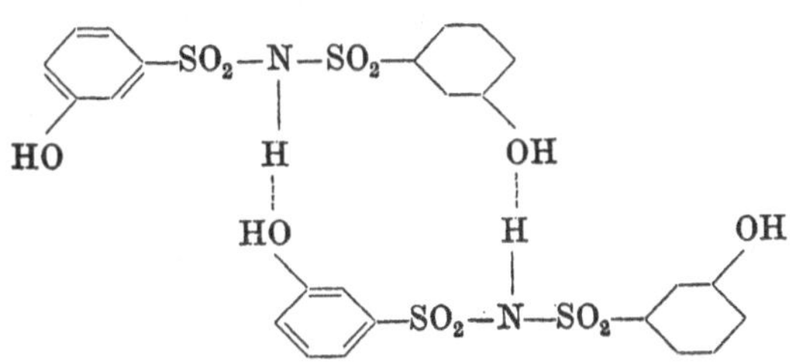

Wo innerhalb des Moleküls die Wasserstoffbrückenbindungen auftreten, sind die Moleküle so konsolidisiert, daß keine Brückenbindungen nach außen stattfinden, also auch nicht andersartige Moleküle festgehalten werden. Dieses kommt aber sehr wohl zustande, wenn zwei oder mehr Disulfimid-

Moleküle miteinander gekoppelt sind. Diese spalten leichter auf und fremde Moleküle, sagen wir z. B. mal Phenole, werden durch Wasserstoffbrückenbindungen festgehalten, d. h. adsorbiert.

Die genaue Kenntnis dieser Wasserstoffbrückenbindungen, die wir auch spektroskopisch festgelegt haben, war für unsere späteren Untersuchungen sehr wichtig.

Parallel mit diesen Wasserstoffbrücken geht die Ausbildung von Komplexsalzen, sogenannten Chelaten, die man mit vielen Metallen wie Cu, Fe, Zn, Cd, Co, Pb u. a. m. als tief gefärbte Verbindungen darstellen kann. Diese Komplexe sehen also etwa folgendermaßen aus:

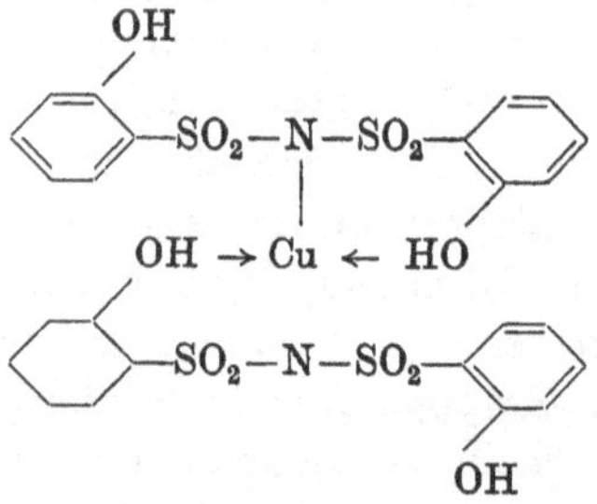

Die Anwendung solcher Chelate beruht einmal darauf, daß man bestimmte Metalle mit ihrer Hilfe aus ihrer Lösung isolieren kann. Wir haben speziell Kupfer, Nickel und Eisen jedesmal durch Disulfimide besonderer Konstitution ausfällen können. Weiter benutzt man die starke Färbung dieser Metall-Komplexverbindungen, um geringe Mengen dieses Metalls noch nachweisen zu können. So gelingt es z. B. Kupfer in Wasser nachzuweisen, das man mit keinem anderen Reagenz sonst findet. Durch Zusatz einer ammoniakalischen Lösung eines Dioxy-diphenyl-disulfimids entsteht eine schwach bläuliche Lösung.

Eine biologische Verwendung dieser chelatbildenden Substanzen zeichnet sich jetzt augenscheinlich ab. Die Verbindungen werden als Antidot bei Schwermetall-Vergiftungen angesehen und damit auch bei der Inkorporation von Radionukleiden. Es handelt sich dabei darum, daß beim Arbeiten am Kernreaktor durch den menschlichen Körper Isotope aufgenommen worden, die durch Strahlung im Körper schädlich wirken, nun aber durch ein passendes chelatbindendes Reagenz aus dem Körper entfernt werden. Es muß natürlich zunächst festgestellt werden, ob nicht irgend welche toxischen Nebenwirkungen unserer Substanzen vorhanden sind. Und dann müssen diese Chelate über eine ungewöhnliche Beständigkeit verfügen (siehe auch [38]).

Und jetzt kommen wir zu einem Gebiet, das besonders wichtig ist und einen sehr großen Umfang hat.

Wie schon mehrfach erwähnt, stellen die Disulfimide starke Säuren vor. Da liegt es nun nahe, sie als *Ionenaustauscher* einzusetzen.

Seit der Entdeckung der synthetischen organischen Ionenaustauscher durch B. A. Adams und E. L. Holms im Jahre 1935, hat ihre Entwicklung für den Ionenaustausch und auch für die Moleküladsorption einen großen Aufschwung genommen. Einen entscheidenden Beitrag dazu leistete die Farbenfabrik Wolfen, die unter Leitung von Professor Dr. Griessbach die systematische Erforschung und Weiterentwicklung dieser neuen Stoffklasse aufnahm und in kurzer Zeit Ionenaustauscher bis zur technischen Reife entwickelte; diese kamen unter der Bezeichnung „*Wofatite*" auf den Markt.

Die synthetischen organischen Kunstharzaustauscher sind heute in allen Industrieländern zu einem Begriff in Wissenschaft und Technik geworden, deren Anwendungsmöglichkeiten dank ihrer hervorragenden Leistungsfähigkeit und großer Variationsbreite noch längst nicht erschöpft sein dürften.

Ein Ionenaustauscher besteht einmal aus einem porösen Harz mit großer innerer Oberfläche. Und zum anderen sind in dieses Harz Verbindungen eingebaut, die saure oder basische Gruppen tragen, also Kationen- oder Anionen-Austauscher vorstellen. Die sauren funktionellen Gruppen sind hauptsächlich Sulfosäuren, Carbonsäuren und phenolische Hydroxyl-Gruppen. Wir haben hier nun erstmalig die saure Disulfimid-Gruppe in einen Ionenaustauscher eingebaut und damit einen ganz neuen Typ geschaffen.

Der Aufbau eines organischen Ionenaustauschers auf Harzbasis kann durch Polykondensation oder Polymerisation erfolgen. Dabei ist folgendes wesentlich:

1. Der Aufbau des makromolekularen Harzkörpers aus bestimmten Monomeren.
2. Vernetzung der zunächst entstandenen linearen Makromoleküle.
3. Einbau von austauschaktiven Gruppen, saurer oder basischer Konstitution.

Ursprünglich synthetisierte man das Harz aus ein- oder mehrwertigen Phenolen, die durch Formaldehyd miteinander polykondensiert und damit zugleich vernetzt wurden. Die sauren oder basischen Gruppen baute man hinterher in das poröse Harzgefüge ein.

Der andere historische Weg ist die Polymerisation von Styrol, das durch Divinylbenzol vernetzt und durch Sulfurierung, bzw. Amidierung in ein Kationen- oder Anionenaustauscher verwandelt wird.

Das sollen nur zwei Beispiele von der Fertigung von Ionenaustauschern sein, deren Zahl im Laufe der Jahre sehr groß geworden ist, da man dem Austauscher je nach seinem speziellen Verwendungszweck spezifische Eigenschaften geben kann.

Es handelte sich also für uns darum, wie wir unsere neuartigen Ionenaustauscher aufbauen sollen. Wir entschieden uns zunächst für das Polykondensationsverfahren. Das Diphenyl-disulfimid mußte also mit phenolischen OH-Gruppen versehen [39] um dann mit Formaldehyd polykondensiert zu werden.

Wir haben in diesem Zusammenhang eine wichtige experimentelle Beobachtung [40] gemacht. Hydroxyl-Gruppen kann man ja in ein aromatisches Molekül dadurch einführen, daß man zunächst nitriert, dann die Nitro-Gruppe zu einer Amino-Gruppe reduziert, diese diazotiert und dann verkocht:

$$R{-}H \xrightarrow{HNO_3} R{-}NO_2 \xrightarrow{H_2} R{-}NH_2 \xrightarrow{HNO_2} R{-}N_2Cl \xrightarrow[100]{OH'} R{-}OH$$

Diesen gewiß umständlichen Weg kann man bei unseren Verbindungen abkürzen. Man geht von den entsprechenden Chlor-Verbindungen aus und setzt diese mit 30%iger Natronlauge im Autoklaven bei $T = 250°$ C um. Dann wird das Chlor durch die NaOH-Gruppe ersetzt. Also:

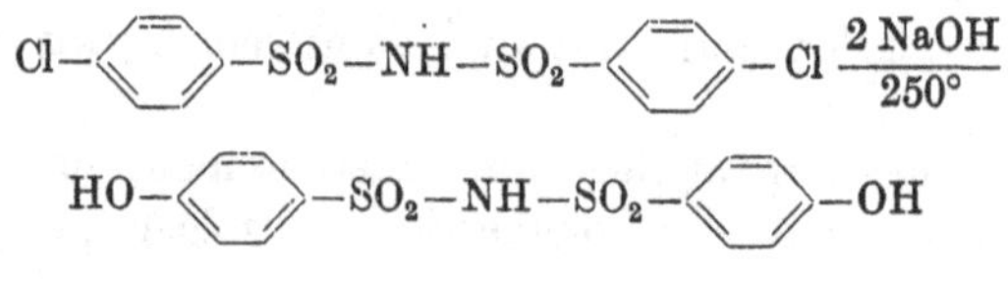

Das überraschende dabei ist, daß die Disulfimid-Gruppe diese massiven Reaktionsbedingungen aushält.

Auf diesem Wege erhält man also bequem die Hydroxyl-Gruppe im Molekül und kann durch geeignete Reaktionen nun noch andere Substituenten, wie Nitro-, Amino-Gruppen, Halogene usw. einbauen.

Die Harze entstehen dann endlich durch Zusammenschmelzen dieser Disulfimide mit Formaldehyd im Vorgang einer Polykondensation.

In die Reaktionsmasse setzt man gegebenenfalls noch etwas Resorcin ein, das als Trägersubstanz oder Stabilisator mit in das Harz einkondensiert wird.

Ein Ionenaustauscher wird im allgemeinen durch folgende Daten charakterisiert:

1. saure oder basische austauschaktive Gruppen
2. die Anzahl dieser Gruppen
3. pH-Wert, bei dem der Austausch vornehmlich erfolgen soll
4. Temperatur
5. Kapazität in µval/g
6. vorliegende Korngröße
7. Porosität des Harzes
8. Wassergehalt

Wir haben nun eine größere Zahl solcher Harze hergestellt, die Disulfimid und seine verschiedenen Substitutionsprodukte enthalten. Wir haben sie nach gemäß der eben aufgeführten Daten geprüft und brauchbar gefunden, wenn auch die Kapazität mit 2 µval/g nicht besonders hoch ist. Wir haben auch das Diphenyl-disulfimid basisch substituiert, so daß wir einmal eine saure Gruppe, die Disulfimid-Konstellation, und einmal eine Amino-Gruppe als basische Komponente im Austauschmolekül hatten. Es ist dann ein typischer amphoterer Ionenaustauscher, ein Ampholyt, entstanden, der in seinen Eigenschaften durchaus früher konstruierten Ampholyten entspricht.

Die zahlreichen Harze, die wir herstellten [41], haben wir dann der Industrie, hauptsächlich der Farbenfabrik Wolfen, zur Austestung überlassen. Die besonderen Eigenschaften eines Harzes sind uns aber auch selber aufgefallen. Der Kationenaustauscher aus 3,3′-Dichlor-4,4′-dioxy-diphenyl-disulfimid, in ein Harz eingebaut, adsorbiert aus stark verdünnten wäßrigen Lösungen Kaliumionen selektiv und gibt sie beim Ansäuern wieder frei. Man könnte also aus Meerwasser die dort in geringer Konzentration vorhandenen Kaliumionen resorbieren und für den Düngeeinsatz gewinnen, eine Tatsache, die für Deutschland mit seinen Kalibergwerken ohne Interesse ist, aber z. B. in Norwegen oder Schweden auf Beachtung stoßen sollte, wo der Norweger A. Skogseid [42] 1948 Dipicrylamin als Fällungsreagenz auf Kalium entwickelt hatte. Die selektiven Eigenschaften unseres Präparates sind aber dem Norwegischen überlegen.

Nun ist ja die Kapazität, die wir bei unseren verschiedenen Polykondensationsharzen gefunden haben — maximal 2 µval/g — etwas enttäuschend. Der Grund dafür kann in einer mangelhaften Porosität liegen, die wir zu nächst nicht weiter beeinflussen konnten. Oder aber die Polykondensation geht zum größten Teil so vor, daß die Moleküle nicht durch Methylen-Brücken, sondern durch Ätherbrücken verbunden sind. Das bedeutet aber, daß dann in der Harzmatrix die phenolischen Hydroxyl-Gruppen fehlen und damit die Gruppen, die die Säurekapazität heraufsetzen sollten.

Wir hatten deshalb beschlossen, nun Harze auf Polymerisationsbasis herzustellen.

Der historische Weg ist ja, daß man sich ein Polystyrol herstellte und dieses dann sulfuriert. Wir mußten also in unser Polystyrol irgendwie die Disulfimid-Gruppe einbauen.

Diese Arbeit wurde zunächst von Frau Dr. KOCH [43] durchgeführt, die aus unserem Arbeitskreis hervorgegangen ist.

Polystyrol wurde sulfoniert, amidiert und schließlich mit einem Benzolsulfochlorid umgesetzt:

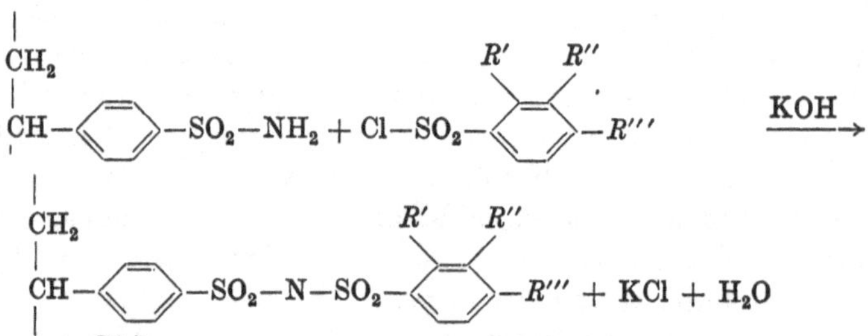

$\left.\begin{array}{l} R' \\ R'' \\ R''' \end{array}\right\} = H, OH, NO_2, NH_2, CN, SO_3, H, COOH$

Durch Ansäuern erhält man die freie Säure. Es ist nun möglich, in dem zur Umsetzung gelangenden Benzolsulfochlorid Substituenten einzuführen, wie die Sulfo-Gruppe, die Carboxyl-Gruppe, die OH-, die Nitro-Gruppe usw. Auf diesem Wege bekommt man hochpolymere Säuren mit Gruppen, die dem endgültigen Harz bestimmte Eigenschaften verleihen.

Aber auch auf diesem Wege war die Kapazität des Ionenaustauschers maximal nur 2 μ val/g. Das liegt hier nun offenbar daran, daß die Hauptmasse des Harzes aus Polystyrol besteht, wo nur hier und da ein Phenyl-Rest durch die Sulfonation erfaßt wurde, um dann mit einem Phenylsulfochlorid in ein Disulfimid überführt zu werden.

Wir haben deshalb versucht, direkt aus den Disulfimiden ein neues Harz zu synthetisieren. Dieses ist auch geglückt, in dem wir die Vinyl-Gruppe in einen Benzol-Kern des Diphenyl-disulfimids einbauten [44]. Also folgendermaßen:

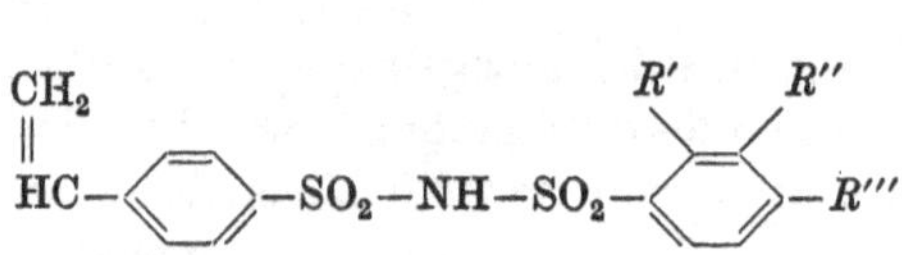

Dann wurde radikalisch polymerisiert, durch Zugabe von Divinylbenzol zusätzlich vernetzt, und tatsächlich entstanden jetzt schöne Harze, die eine

Kapazität von meist über 6 μval/g zeigten und somit der Industrie als brauchbare Ionenaustauscher angeboten werden konnten.

Jetzt drängte sich aber uns noch ein anderes Problem auf. Durch Übernahme des Forschungsauftrages der Sächsischen Akademie der Wissenschaften zu Leipzig über Abwasserreinigung mit Hilfe von Phenoladsorbentien, war es für uns gegeben, nun auch Disulfimide in den Kreis unserer Untersuchungen (Forschungsarbeiten) aufzunehmen.

Zunächst etwas Allgemeineres über diesen Gegenstand. Neben den Eigenschaften, geladene Teilchen (Ionen) auszutauschen, haben die Ionenaustauscher auch die Fähigkeit, ungeladene oder neutrale Moleküle adsorptiv zu binden. Für diese Erscheinung sind in der Literatur die Begriffe: allgemeine Adsorption, Neutraladsorption und Moleküladsorption geprägt worden.

Eine solche Neutraladsorption von Phenol an den Kationenaustauscher Wofatit P, einem Phenol-, Formaldehyd-Polykondensationsprodukt, wurde erstmalig im Jahre 1940 in der Patentliteratur [45] erwähnt und von G. Schulz bei der Entphenolisierung von Schwelwässern angewandt [46]. Auch Anionenaustauscher vermögen über ihre Austauschkapazität hinaus Phenole zu binden [47]. Diese Mehraufnahme wurde als Moleküladsorption gedeutet [48].

Die Anwendungsmöglichkeiten dieser Neutraladsorption erstrecken sich heute nicht nur auf das technische Gebiet. In zunehmendem Maße gewinnt die Neutraladsorption auch bei biochemischen Verfahren wie z. B. bei der Herstellung von Vitaminen [49] und in der Pharmazie [50], wie z. B. bei der Reinigung von Antibiotika an Bedeutung.

Das Wesen der Neutraladsorption ist nach F. Wolf [48] als eine Wechselwirkung von hochmolekularen mit niedermolekularen Verbindungen zu betrachten. Die wichtigsten Einflußgrößen, die einem Adsorbens zugeschrieben werden, sind:

1. chemischer Aufbau und Struktur der Harzmatrix
2. Zahl und Art der austauschaktiven Gruppen
3. Art und Größe des Kanalsystems.

Wenn es sich speziell um Phenoladsorption handelt, können wir hinzufügen:

4. Die Bausteine der Harzmatrix sollen dem Phenol chemisch ähnlich sein.
5. Die aktiven Gruppen des Austauschers sollen besonders zu Wasserstoffbrückenbindung befähigt sein.
6. Die Porengröße des Kanalsystems im Austauscher muß der Molekülgröße des Phenols angepaßt sein.

Nun, die Ionenaustauscher, die wir — wie eben dargelegt — auf Basis Polykondensation von phenolischen Disulfimiden mit Formaldehyd unter Zusatz von Resorcin hergestellt hatten, sollten die oben erwähnten Eigenschaften der Neutraladsorption wie das Wofatit P haben, wobei die schon mehrfach erwähnten Möglichkeiten der Ausbildung von Wasserstoffbrückenbindungen bei den phenolischen Disulfimiden hier nun zum Tragen kommen.

Es wurden zu diesem Zweck 3 Präparate in ihrer Wirkungsweise als Phenoladsorbens untersucht — natürlich nach Einbau in eine Harzmatrix verschiedener Konstruktion, wie man sie durch ein Polykondensationsverfahren unter verschiedenen Versuchsbedingungen erhalten kann: Die 3 aktiven Verbindungen für die 3 Präparate waren:

1. Diphenyl-disulfimid
2. 3,3′-Dihydroxy-diphenyl-disulfimid
3. 4,4′-Dihydroxy-diphenyl-disulfimid

Das Adsorptionsverhalten der verschiedenen Harze wurde nach folgenden Gesichtspunkten geprüft:

a) Berechnung des molaren Verteilungskoeffizienten zwischen Austauscher und Lösung,
b) Aufnahme der Adsorptionsisotherme,
c) Messung der Adsorptionsgeschwindigkeit,
d) Berechnung des Diffusionskoeffizienten für die Adsorption,
e) Berechnung der Aktivierungsenergie der Diffusion.

Wir können uns hier mit all diesen Einzelheiten nicht befassen. Ich werde nur eine Aufnahme der Adsorptionsisotherme zeigen, von der man wesentliches entnehmen kann.

Aufgrund unserer ausführlichen Messungen wäre ein Einsatz unserer Resorcin-Disulfimid-Polykondensationsaustauscher in der Technik durchaus möglich. Es scheitert aber daran, daß eine Reinigung des Harzes vom adsorbierten Phenol schlecht möglich ist. Man möchte natürlich so verfahren, daß man z. B. das Phenol auswäscht und gewinnt. Das Harz aber sollte von neuem für die Abwasserreinigung eingesetzt werden können. Das ist aber hier leider zunächst unmöglich.

Wie verhalten sich nun aber die Polymerisationsharze, die aus Vinyldiphenyl-disulfimid aufgebaut, doch so schöne Kapazitäten zeigten? Tatsächlich haben sie sich hier bei den Adsorptionsversuchen bestens bewährt, wie sie das aus dem letzten Bilde entnehmen können. Die gute Adsorption der Polykondensationsharze wird etwas übertroffen. Vor allem aber gelingt die Reinigung der Harze nach der Adsorption, und zwar einfach durch Überleiten von Wasserdampf. Die Harze halten die hohe Temperatur aus und das Phenol wird quantitativ abdestilliert und kann durch Abkühlung

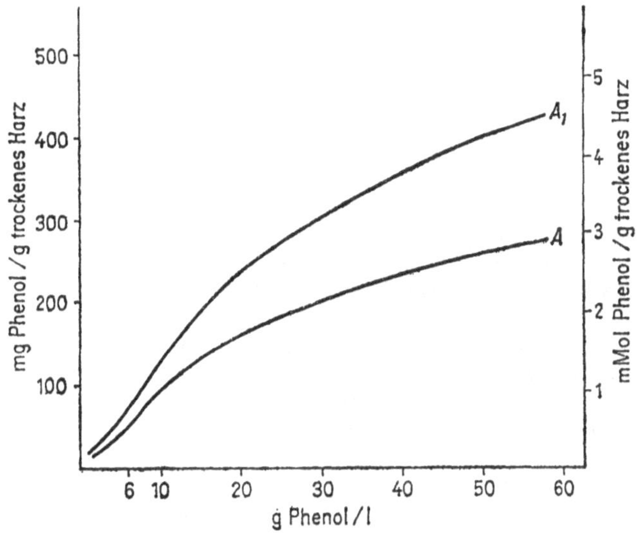

Abb. 2. Adsorptionsisothermen bei 20 °C

A — Diphenyl-disulfimid-Formaldehyd-Resorcin-Harz

A_1 — 4-Polyvinyl-diphenyldisulfimid + 3% DVB

gewonnen werden, während der Adsorber ohne Einbuße an Wirksamkeit neu eingesetzt werden kann.

Es liegt hier tatsächlich ein Reagenz vor, mit dem man Abwässer von Phenol befreien und das Phenol hinterher isolieren kann. Nur ein negativer Umstand kann nicht verschwiegen werden: Die Präparate sind sehr umständlich herzustellen, so daß sie für die Praxis zunächst zu teuer erscheinen. Doch können die synthetischen Methoden sicher noch verbessert werden, so daß die Herstellungskosten tragbar werden.

Damit bin ich an das Ende meiner Ausführungen gekommen und hoffe, einen gewissen Überblick über unsere Arbeiten der Grundlagen- und angewandten Forschung auf dem Gebiet der Disulfimide geschaffen zu haben.

LITERATUR

[1] Ch. GERHARDT: Traité de chimie organique *III*, 75 (1854)
[2] JAKOBSEN: *A* **184** (1877), 187
[3] W. SOLONINA: *C* 1897 *II* 848; *C* 1899 *II* 867
[4] O. HINSBERG: B. dtsch. chem. G. **23** (1890), 2963
[5] E. BAMBERGER: B. dtsch. chem. G. **32** (1899), 1804
[6] O. HINSBERG, J. KESSLER: B. dtsch. chem. G. **38** (1905), 904
[7] G. EMDEN, H. TACHAU: Biochem. dtsch. **28**, 230 *C* 1910 *II* 1961
[8] A. F. HOLEMAN: Rec. trav. chim. Pays-Bas. **40**, 446 *C* 1921 *III* 8687
[9] W. R. H. HURTLEY, S. SMILES: J. chem. Soc. **1926**, 1821 *C* 1926 *II* 2177
[10] W. STEINKOPF: J. pr. Chem. *II* **117**, **1** 1927 *C* 1927 *II* 1945
[11] H. GILMAN, E. C. VERNON: Rec. trav. chim. Pays-Bas **48**, 745 *C* 1929 *II* 1671
[12] F. BELL, R. COHEN: J. chem. Soc. (London) **1933**, 1290 *C* 1933 *II* 3117
[13] R. L. SHRINER, M. T. GOEBEL, C. S. MARVEL: Am. Soc. **54** (1932), 2470
[14] D. R. CLIMENKO: J. Am. Med. Soc. **110** (1938), 2099
[15] Calco Chemical Co.: A. P. 2 133 787 (1938) *C* 1939 *I* 3589
[16] M. L. CROSSLEY, E. H. NORTHEY, M. E. HULTQUIST: J. Am. Chem. Soc. **60** (1938), 2222; **62** (1940), 1415
[17] G. A. H. BUTTLE et al.: Biochemical J. **32**, 1101 *C* 1938 *II* 3800
[18] *Patente:*

DRP 125 390, Höchst, v. 17. 6. 1900; Frdl. VI, 1049

A.P. 1325841, H. FRITSCHE, Ges. f. chem. Ind. Basel, v. 7. 6. 1918; vergl. F.P. 490177 u. 488792

A.P. 2133787, Calco Chemical Co., Inc. (NORTHEY) v. 11. 1. 1938 C 1939 I 3589; vergl. Schwed. P. 212200

F.P. 843429, Y. V. Orgachemia, v. 29. 7. 1938; holl. Prior. 6. 8. 1937

F.P. 845317, Y. V. Orgachemia, v. 28. 10. 1938; holl. Prior. 29. 10. 1937 C 1940 I 1390

F.P. 891460, I. G. Farben, v. 23. 2. 1943; dtsch. Prior. 24. 2. 1942 C 1945 I 545

F.P. 766497, FLESCH, v. 4. 1. 1934

DRP 730728, B. HELFERICH, v. 21. 11. 1940; C 1943 I 1935

Can. P. 390443, J. HUISMANN; dtsch. Prior., v. 5. 10. u. 12. 10. 1935; C 1941 I 3004

F.P. 854325, Deutsches Hydrierwerk Rodleben; dtsch. Prior. 5. 5. 1938

DRP 757 262, Deutsches Hydrierwerk Rodleben, v. 6. 5. 1938; vergl. F.P. 900734
DRP 737980, Deutsches Hydrierwerk Rodleben, v. 1. 7. 1938; vergl. F.P 871780
DRP 757603, Deutsches Hydrierwerk Rodleben, v. 4. 8. 1938; vergl. F.P. 858596
It.P. 390114, Deutsches Hydrierwerk Rodleben, C 1942 II 2865
It.P. 390854, Deutsches Hydrierwerk Rodleben, dtsch. Prior. 29. 1. 1940 C 1943 II 1344; vergl. A.P. 2401155
F.P. 940285, Deutsches Hydrierwerk Rodleben, dtsch. Prior. 3. 2. 1940; vergl. It.P. 390114
It.P. 389596, Deutsches Hydrierwerk Rodleben, dtsch. Prior. 23. 2. 1940
F.P. 857259, Deutsches Hydrierwerk Rodleben, dtsch. Prior. 24. 6. 1940
DRP 765524, Deutsches Hydrierwerk Rodleben, v. 19. 7. 1940
DRP 765789, Deutsches Hydrierwerk Rodleben, v. 24. 7. 1940
F.P. 873 343, Deutsches Hydrierwerk Rodleben, dtsch. Prior. 23. 7. 1940 C 1943 I 91
F.P. 873351, Deutsches Hydrierwerk Rodleben, dtsch. Prior. 24. 7. 1940
F.P. 873319, Deutsches Hydrierwerk Rodleben, dtsch. Prior. 18. u. 23. 7. 1940
F.P. 874204, Deutsches Hydrierwerk Rodleben, dtsch. Prior. 14. 8. 1940
F.P. 879307, Deutsches Hydrierwerk Rodleben, dtsch. Prior. 28. 2. 1941
F.P. 881329, Deutsches Hydrierwerk Rodleben, dtsch. Prior. 17. 4. 1941 C 1944 I 598
F.P. 881527, Deutsches Hydrierwerk Rodleben, dtsch. Prior. 9. 7. 1941
F.P. 881545, Deutsches Hydrierwerk Rodleben, dtsch. Prior. 9. 7. 1941 C 1944 I 599
F.P. 898394, Deutsches Hydrierwerk Rodleben, dtsch. Prior. 15. 7. 1941
D.W.P. 501, Deutsches Hydrierwerk Rodleben, v. 4. 11. 1943
D.W.P. 744, Deutsches Hydrierwerk Rodleben, v. 19. 7. 1940
DP (DDR) 918, Deutsches Hydrierwerk Rodleben, v. 24. 2. 1940 C 1954, 194
D.W.P. 529, Deutsches Hydrierwerk Rodleben, v. 28. 12. 1943
D.W.P. 588, Deutsches Hydrierwerk Rodleben, v. 23. 3. 1944
D.W.P. 580, Deutsches Hydrierwerk Rodleben, v. 4. 2. 1940
D.W.P. 918, Deutsches Hydrierwerk Rodleben, v. 24. 2. 1940
D.W.P. 593, Deutsches Hydrierwerk Rodleben, v. 28. 3. 1943
D.P.(DDR) 588, Deutsches Hydrierwerk Rodleben, v. 23. 3. 1944 C. 1954 I 1591
DRP 136, A. Salomon v. 2. 3. 1943
DBP. 852694, [1940] C 1954 I 4264
DBP. 866940, Deutsche Hydrierwerke Düsseldorf, v. 6. 5. 1938 C 1954 I 376
DBP. 867856, Deutsche Hydrierwerke Düsseldorf, v. 28. 3. 1943 C 1953, 9321

[19] B. Helferich, A. Grünert: B. dtsch. chem. G. **73** (1940), 1131
[20] B. Helferich, Flechsig: B. dtsch. chem. G. **75** (1942), 532
[21] N. N. Duchanow: Shurnal obschtschei Chimii **29** (1959), 7; **31** (1961), 2748
[22] B. Helferich, A. Grünert: A. **545** (1940), 178
[23] F. Runge, J. Behrends, A. Ernst: Z. analyt. Chem. **158** (1957), 266
[24] K. Ziegler, A. **551** (1942), 93
[25] P.-L. Lendl: Dissertation, Halle/S. 1962

[26] F. RUNGE, H.-J. ENGELBRECHT, G. PREUSSER: B. dtsch. Chem. G. **86** (1953), 1571

[27] D. HAUSCHILD: Dissertation, Halle/S. 1961

[28] K. THINIUS: „*Chemie, Physik und Technologie der Weichmacher*“, 1960, S. 521

[29] Laki EL-HEWEHI, F. RUNGE: J. pr. Chem. IV **16** (1962), 297

[30] R. HACKER: Dissertation, Halle/S. 1968

[31] F. RUNGE, H.-J. ENGELBRECHT, H. FRANKE: Chem. Ber. **88** (1955), 533

[32] F. RUNGE, P. PFEIFFER: Chem. Ber. **90** (1957), 1757

[33] F. RUNGE, H.-J. ENGELBRECHT, H. FRANKE: Pharmazie **12** (1957), 8

[34] I. LIEDEL: Dissertation, Halle/S. 1965

[35] Deutsches Hydrierwerk Rodleben, F.P. 858596, C 1941 I 2608; s. auch I.G. Farben, F.P. 891460 C 1946 I 545

[36] K. GÖTZE: Melliand Textilberichte **33** (1952), 1, 51

[37] W. ROTH: Dissertation, Halle/S. 1958

[38] A. CATSCH: Naturwissenschaften **55** (1968), 473

[39] Deutsche Hydrierwerke A. G. Düsseldorf, D.R.P. 874446 C 1953, 6975

[40] F. RUNGE, U. KOCH: Z. Chem. **2** (1962), 114

[41] J. BEHRENDS: Dissertation, Halle/S. 1955

[42] A. SKOGSEID: Dissertation, Oslo 1948, Schwed.Patent 128491

[43] U. KOCH, F. WOLF, W. SCHULT: Makrom. Chem. **100**, 59 [1967]
U. KOCH, F. WOLF, P. SKILANDAT: Makrom. Chem. **107**, 100 [1967]

[44] H. KÜCHLER: Dissertation, Halle/S. 1968

[45] Weiss-Elster-Verband DRP. 729549 (1940)

[46] G. SCHULZ: Wasserwirtschaft-Wassertechnik **11** (1961), 7, 342

[47] E. ANDERSEN, D. HANSEN: Ing. Eng. Chem. **47** (1955), 71

[48] F. WOLF: Habilitationsschrift, Halle/S. 1961

[49] B. DRAKE: Nature **160** (1947), 602

[50] E. CRUZ-COKE, F. GONZALES, W. HÜLSEN: Science **101** (1945), 340

Fortsetzung von der 2. Umschlagseite

Heft 5*) Prof. Dr.-Ing. ENNO HEIDEBROEK, Die Verantwortlichkeit des Ingenieurs. 1954

Heft 6 Prof. Dr. HANS SCHUBERT / Dr. ERICH SCHINCKE, Zur Ermittlung von Unterschallströmungen mit der Transformationsmethode bei quadratischer Approximation der Adiabate 1955. 32 Seiten – 6 Abbildungen – 2 Tabellen – 8° – M 2,30

Heft 7 Dr. HELMUT SCHAEFER, Neue Existenzsätze in der Theorie nichtlinearer Integralgleichungen 1955. 40 Seiten – 8° – M 2,40

Band 102

Heft 1*) Dr. PAUL GÜNTHER, Über einige spezielle Probleme aus der Theorie der linearen partiellen Differentialgleichungen zweiter Ordnung. 1957

Heft 2 Prof. Dr. HANS SCHUBERT / Dr. ERICH SCHINCKE, Zum Konturproblem der Hodographenmethode im Unterschall 1957. 25 Seiten – 8° – M 2,20

Heft 3*) Prof. Dr. FRANZ RUNGE, Über die Polymerisation ungesättigter organischer Verbindungen. 1957

Heft 4 Dr. VICTOR VÂLCOVICI, Une extension des liaisons non holonomes et des principes variationnels 1958. 39 Seiten – 8° – M 2,40

Heft 5 Dr. ROLF KLÖTZLER, Beiträge zur Theorie mehrdimensionaler Variationsprobleme mit geknickten Extremalen 1958. 72 Seiten – 8° – M 4,30

Heft 6 Prof. Dr. PAULA HERTWIG, Strahlenschäden und Strahlenschutz im zellulären Bereich 1957. 43 Seiten – 14 Abbildungen i. Text u. a. 4 Tafeln – 6 Tabellen – 8° – M 2,–

Heft 7 Prof. Dr. WILHELM TREIBS, Entwicklungslinien der organischen Chemie 1957. 25 Seiten – 8° – M 1,40

Band 103

Heft 1 Prof. Dr. GEORG SPACKELER, Über die Möglichkeit einer Lieferung von Magnesiumsulfat als Düngemittel seitens des Kalibergbaus der Deutschen Demokratischen Republik
Prof. Dr. ANTON ARLAND, Magnesium im Landbau
1958. 38 Seiten – 1 Abbildung – 2 Landkarten – 8° – M 1,90

Heft 2*) Prof. Dr. HEINRICH BREDT, Über den Tod. Eine naturwissenschaftliche Betrachtung. 1958

Heft 3 Dr. HANS WUSSING, Über Einbettungen endlicher Gruppen 1958. 38 S. – 8° – M 2,50

Heft 4 Prof. Dr. ERNST NEEF, Über die Veränderlichkeit unserer geographischen Umwelt 1959. 19 Seiten – 8° – M 1,20

Heft 5 Prof. Dr. WOLFGANG LANGENBECK, Zur Biochemie der Spurenmetalle. Mit Diskussionsbeiträgen 1959. 16 Seiten – 4 Tabellen – 8° – M 1,–

Heft 6 Prof. Dr. HANS SCHUBERT / Dr. ERICH SCHINCKE, Die Berechnung einer zirkulationslosen Unterschallströmung um den Kreiszylinder mit der Hodographenmethode 1959. 42 Seiten – 12 Abbildungen – 4 Tabellen – 8° – M 4,20

Heft 7 Prof. Dr. PAULA HERTWIG, Anpassung, Vererbung und Evolution 1959. 35 Seiten – 14 Abbildungen – 8° – M 3,20

Band 104

Heft 1 Prof. Dr. KARL SCHMALFUSS, Über das Ausmaß der biologischen Bindung des elementaren Stickstoffs. Der Einfluß assimilierbarer Stickstoffverbindungen 1960. 19 Seiten – 2 Abbildungen – 6 Tabellen – 8° – M 1,35

Heft 2 Prof. Dr. ANTON LISSNER, Charakteristische Eigenschaften der Braunkohlen 1960. 20 Seiten – 10 Abbildungen – 3 Tabellen
1960. 20 Seiten – 10 Abbildungen – 3 Tabellen – 8° – M 2,–

Heft 3 Prof. Dr. FRITZ STATHER, Zur Charakteristik pflanzlicher und synthetischer Gerbstoffe und deren kombinierte Verwendung bei der Gerbung 1960. 19 Seiten – 8° – M 1,10

Heft 4 Prof. Dr. HEINRICH PRELL, Bemerkungen zur Geschichte der englischen Längenmaß-Systeme 1962. 74 Seiten – 3 Tabellen – 8° – M 4,90

Heft 5 Prof. Dr. OTT-HEINRICH KELLER, Zur Berechnung des Galoisschen Körpers und der Galoisschen Gruppe einer Gleichung in erträglich vielen Schritten 1961. 23 Seiten – 8° – M 2,–

Heft 6 Dr. ROLF KLÖTZLER, Die Konstruktion geodätischer Felder im Großen in der Variationsrechnung mehrfacher Integrale 1961. 84 Seiten – 1 Abbildung – 8° – M 7,–

Heft 7 Prof. Dr. ARTHUR SIMON, Gitteraufbau und Katalyse bei der Gasentschwefelung 1961. 21 Seiten – 16 Abbildungen – 8° – M 2,10

Ab Band 105:

SITZUNGSBERICHTE DER SÄCHSISCHEN AKADEMIE DER WISSENSCHAFTEN ZU LEIPZIG

Band 105

Heft 1 Prof. Dr.-Ing. FRITZ OBENAUS, An der Grenze zwischen Hochspannungstechnik und Physik 1961. 19 Seiten – 14 Abbildungen – 8° – M 2,40

Heft 2 Prof. Dr. GEORG MERREM, Die klinisch-biologische Wertigkeit der Hirngeschwülste 1962. 23 Seiten – 7 Abbildungen – 2 Tabellen – 8° – M 1,90

*) *vergriffen*

Fortsetzung auf der 4. Umschlagseite

Fortsetzung von der 3. Umschlagseite

Heft 3 Dr. ERICH SCHINCKE, Stetige schallnahe Potentialströmungen um eine Familie symmetrischer Profile mit abgerundeter Nase und ihre Grenzlinieneigenschaften 1963. 73 Seiten – 23 Abbildungen – 8° – M 8,90

Heft 4 Prof. Dr. WILHELM MAIER, Aus der analytischen Zahlentheorie 1963. 15 S. – 8° – M 2,–

Heft 5*) Prof. Dr. WOLFGANG BUCHHEIM, Zur Theorie der geoelektrischen Erkundungsmethodik und Systematik der geoelektromagnetischen Effekte. 1964

Heft 6 Prof. Dr. WALTER BREDNOW, Christop Wilhelm Hufeland, Arzt und Erzieher im Lichte der Aufklärung 2., unveränderte Auflage. 1964. 25 Seiten – 8° – M 1,65

Heft 7 Dr. HARALD HILBIG, Existenzsatz für begrenzte Potentialströmungen mit Totwasser um ein vorgegebenes Hindernis 1964. 52 Seiten – 8° – M 5,20

Band 106

Heft 1 Prof. Dr. EGBERT SCHWARZ, Über experimentelle Untersuchungen und klinische Erfahrungen beim alloplastischen Ersatz von Blutgefäßen. 1963. 22 S. – 11 Abbildungen – 8° – M 2,45

Heft 2*) Prof. Dr. MANFRED GERSCH, Hormone als Regulatoren von Lebensvorgängen. 1963

Heft 3 Prof. Dr. med. ROLF EMMERICH, Zur Problematik der Leberzirrhose 1964. 16 Seiten – 5 Abbildungen – 1 Tabelle – 8° – M 1,85

Heft 4*) Prof. Dr. med. ALBRECHT PEIPER, Kindernöte in alten Zeiten. 1964

Heft 5 Prof. Dr. WOLFGANG LANGENBECK, Über den Mechanismus von Enzymwirkungen 1965. 19 Seiten – 7 Abb., davon 4 vierfarbig – 8° – M 4,40

Heft 6*) Prof. Dr. WALTER BREDNOW, Tier und Mensch in Goethes naturwissenschaftlicher Sicht. 1965

Heft 7 Prof. Dr. HERBERT STAUDE, Versuche zur Natur des latenten Bildes und ihre Deutung 1965. 33 Seiten – 7 Abbildungen – 8° – M 2,60

Band 107

Heft 1 Prof. Dr. OTT-HEINRICH KELLER, Die Homologiegruppen der Flächen 3. Ordnung 1965. 15 Seiten – 8° – M 2,30

Heft 2 Prof. Dr. FRANZ RUNGE, Grignard und die nach ihm benannte Synthese 1966. 17 Seiten – 3 Abbildungen – 8° – M 2,30

Heft 3 Prof. Dr. KARL SCHMALFUSS, Zur Kenntnis der Bodenbildung 1966. 13 Seiten – 4 Tabellen – 8° – M 1,40

Heft 4 Dr. BODO RENSCHUCH, Verallgemeinerungen des Bezoutschen Satzes 1966. 41 Seiten – 8° – M 4,50

Heft 5 Prof. Dr. med. ROLF EMMRICH, Realität und Theorien des Alterns 1966. 20 Seiten – 9 Abbildungen – 8° – M 2,60

Heft 6 Prof. Dr. WILHELM MAIER, Nichteuklidische Volumina 1967. 20 Seiten – 16 Abbildungen – 8° – M 2,80

Heft 7 Dr. LOTHAR VON WOLFERSDORF, Zur Berechnung optimaler Strategien für Spiele über dem Einheitsquadrat mit an der Hauptdiagonalen unstetigen Auszahlungsfunktionen 1968. 53 Seiten – 8° – M 5,70

Band 108

Heft 1 Prof. Dr. PAUL GÖRLICH / Dipl.-Phys. DETLEF GÜLDNER / Dr. HANS-JOACHIM POHL, „Elektronische Spektralmessung" mit steuerbaren Photovervielfachern 1967. 12 Seiten – 9 Abbildungen – 1 Tabelle – 8° – M 2,10

Heft 2 Prof. Dr. MANFRED GERSCH, Neuroendokrinologie der Insekten 1968. 33 Seiten – 12 Abbildungen – 1 Kunstdrucktafel – 8° – M 4,–

Heft 3 Prof. Dr. HASSO ESSBACH, Die Bedeutung der Morphologie in der Heilkunde 1968. 16 Seiten – 1 Textabb. – 13 Abb. auf 8 Kunstdrucktaf., davon 11 vierfarbig 8° – M 12,80

Heft 4 Prof. Dr. OTT-HEINRICH KELLER, Über eine Definition von S. Lefschetz in der topologischen Schnittheorie 1969. 29 Seiten – 1 Abbildung – 8° – M 4,20

Heft 5 Prof. Dr. WOLFGANG TUTSCHKE, Das Reziprozitätstheorem für eine Klasse pseudoholomorpher Funktionen mehrerer komplexer Variabler 1969. 19 Seiten – 8° – M 3,30

Heft 6 Prof. Dr. WALTER BREDNOW, Von Lavater zu Darwin 1969. 31 Seiten – 14 Abbildungen im Anhang – 8° – M 5,50

Heft 7 Prof. Dr. FRANZ RUNGE, Organische Disulfimide in Wissenschaft und Technik *Vorliegendes Heft*

*) *vergriffen*

Einzel- oder Fortsetzungsbestellungen durch eine Buchhandlung erbeten

AKADEMIE-VERLAG · BERLIN

FSC
www.fsc.org
MIX
Papier | Fördert gute Waldnutzung
FSC® C083411

Zeitfracht Medien GmbH
Ferdinand-Jühlke-Straße 7
99095 Erfurt, Deutschland
produktsicherheit@kolibri360.de